ABDENOUR LAZEB

Otimização na computação em nuvem

ABDENOUR LAZEB

Otimização na computação em nuvem

ScienciaScripts

Imprint

Any brand names and product names mentioned in this book are subject to trademark, brand or patent protection and are trademarks or registered trademarks of their respective holders. The use of brand names, product names, common names, trade names, product descriptions etc. even without a particular marking in this work is in no way to be construed to mean that such names may be regarded as unrestricted in respect of trademark and brand protection legislation and could thus be used by anyone.

Cover image: www.ingimage.com

This book is a translation from the original published under ISBN 978-620-6-71634-1.

Publisher:
Sciencia Scripts
is a trademark of
Dodo Books Indian Ocean Ltd. and OmniScriptum S.R.L publishing group

120 High Road, East Finchley, London, N2 9ED, United Kingdom
Str. Armeneasca 28/1, office 1, Chisinau MD-2012, Republic of Moldova, Europe
Printed at: see last page
ISBN: 978-620-7-91012-0

ÍNDICE DE CONTEÚDOS

1.INTRODUÇÃO

A introdução destaca a importância crescente da otimização no contexto da computação em nuvem. Salienta o impacto positivo da otimização no desempenho, no custo e na segurança dos sistemas informáticos baseados na computação em nuvem. Além disso, destaca a rápida evolução e os desafios do domínio da otimização no contexto da computação em nuvem, o que justifica amplamente a necessidade de desenvolver estratégias eficazes para otimizar os recursos da nuvem.

Num mundo cada vez mais interligado, onde as organizações dependem cada vez mais de serviços e infra-estruturas baseados na nuvem, a otimização está a tornar-se uma prioridade fundamental. Isto porque permite explorar ao máximo os recursos e as capacidades oferecidos pela nuvem, minimizando os custos e garantindo um desempenho ótimo.

A otimização desempenha um papel fundamental na melhoria do desempenho dos sistemas informáticos baseados na nuvem. Ao identificar e resolver os potenciais estrangulamentos, ajuda a otimizar a utilização dos recursos e a garantir uma resposta rápida aos pedidos dos utilizadores. Também ajuda a reduzir os tempos de espera e a melhorar a qualidade do serviço.

Do ponto de vista financeiro, a otimização também oferece vantagens significativas. Ao minimizar os custos associados às infra-estruturas de computação em nuvem, permite às empresas realizar economias substanciais. Além disso, ao otimizar a utilização dos recursos, evita o desperdício e incentiva uma utilização mais eficiente dos recursos existentes.

A segurança é também um aspeto essencial da otimização no contexto da computação em nuvem. Ao otimizar os parâmetros de configuração e de segurança, é possível reduzir os riscos associados à proteção dos dados sensíveis. Além disso, uma estratégia de otimização adequada pode garantir a confidencialidade, a integridade e a disponibilidade das informações armazenadas na nuvem. No entanto, convém notar que o domínio da otimização no contexto da computação em nuvem está em constante evolução. Os rápidos avanços tecnológicos e os novos desafios colocados pelas necessidades crescentes dos utilizadores exigem o desenvolvimento de estratégias de otimização cada vez mais eficazes e adaptadas a estes novos desafios. Oferece múltiplas vantagens em termos de desempenho, de custo e de segurança. É essencial desenvolver estratégias de otimização eficazes para tirar o máximo partido dos recursos oferecidos pela nuvem. Só quem souber otimizar judiciosamente os seus sistemas poderá manter-se competitivo num mundo cada vez mais ligado e dependente dos serviços baseados na nuvem.

Tendo isto em mente, é crucial notar a importância da inovação contínua e da adaptação às mudanças na computação em nuvem. As estratégias de otimização devem estar em constante evolução para responder às novas necessidades dos utilizadores e aos novos desafios tecnológicos. Além disso, é de salientar que a colaboração e o intercâmbio de conhecimentos entre peritos em otimização são essenciais para promover a inovação e a melhoria contínua. Ao partilhar as melhores práticas, as lições aprendidas e as soluções inovadoras, é possível acelerar o desenvolvimento de estratégias de otimização de ponta e maximizar os benefícios oferecidos pelo Cloud Computing. Requer também uma análise aprofundada das necessidades específicas de cada organização e uma compreensão clara dos objectivos a atingir. Ao adaptar as estratégias de otimização às necessidades específicas de cada utilizador, é possível maximizar os benefícios e obter Em suma, a otimização é um elemento-chave para melhorar o desempenho, reduzir os custos e reforçar a segurança no contexto da computação em nuvem. Desenvolver estratégias de otimização eficazes, manter-se a par das últimas tendências e promover a colaboração entre especialistas são essenciais para maximizar os benefícios oferecidos pelo Cloud Computing. Através de uma otimização criteriosa, as organizações poderão manter-se competitivas num ambiente cada vez mais conectado e dependente de serviços baseados na nuvem.

1.1. Contexto da otimização na computação em nuvem

O contexto da otimização na computação em nuvem é analisado em pormenor, centrando-se nos requisitos específicos dos ambientes de nuvem em termos de otimização. Sublinha-se a importância crucial da otimização para responder às exigências do processamento massivo de dados, da flexibilidade dinâmica dos recursos e da garantia absoluta da segurança da informação. Além disso, fornece uma análise aprofundada das múltiplas abordagens, técnicas e ferramentas disponíveis para otimizar os sistemas de computação em nuvem, destacando os desafios únicos e complexos que os profissionais da computação em nuvem enfrentam constantemente e que exigem soluções inovadoras e escaláveis. Fundamentalmente, este estudo visa incentivar uma compreensão mais profunda dos mecanismos fundamentais da otimização no contexto da computação em nuvem, mantendo a clareza concetual e a relevância prática para uma implementação bem sucedida. É essencial notar que a melhoria contínua da otimização dos sistemas de computação em nuvem é crucial para garantir um desempenho ótimo e uma maior eficiência. Como tal, é necessária mais investigação e exploração de técnicas de otimização inovadoras para satisfazer as necessidades em evolução da computação em nuvem. Além disso, é de salientar que a otimização na computação em nuvem tem muitas vantagens potenciais, como a poupança de custos, a melhor utilização dos recursos e a redução da latência, o que a torna uma área de interesse e de investigação em constante expansão. Em conclusão, compreender e aplicar a otimização na computação em nuvem é essencial para maximizar o desempenho, a eficiência e os benefícios desta tecnologia revolucionária.

2.FUNDAMENTOS DA COMPUTAÇÃO EM NUVEM

A computação em nuvem é um modelo informático revolucionário que permite aos utilizadores aceder facilmente e em qualquer momento a um conjunto partilhado de recursos informáticos configuráveis. Graças a esta tecnologia inovadora, os utilizadores podem beneficiar de redes de elevado desempenho, servidores potentes, armazenamento seguro, aplicações avançadas e uma vasta gama de serviços. A principal vantagem da computação em nuvem é a sua extraordinária capacidade de fornecer recursos de forma rápida e eficiente, sem necessidade de uma gestão complexa ou de uma interação constante com o fornecedor de serviços.

Existem vários modelos de implantação notáveis para a computação em nuvem, cada um deles firme e especificamente adaptado a necessidades específicas. A revolucionária nuvem pública permite o acesso a recursos partilhados geridos por um fornecedor de serviços externo, oferecendo uma grande flexibilidade e custos extremamente baixos. A nuvem privada, por outro lado, é uma infraestrutura reservada exclusivamente a uma organização específica, oferecendo um nível de controlo e de segurança inigualável. Por último, a nuvem híbrida, extraordinariamente inovadora, combina as vantagens dos dois modelos anteriores, permitindo uma integração perfeita e de excelência sem paralelo entre uma nuvem pública e uma nuvem privada.

Entre os conceitos-chave indiscutivelmente essenciais do Cloud Computing está o autosserviço a pedido, que permite aos utilizadores configurar e gerir os seus próprios recursos sem qualquer intervenção externa. O acesso a uma rede ampla e de área alargada garante uma conetividade óptima e inquestionavelmente fiável para os utilizadores, independentemente da sua localização geográfica. O agrupamento de recursos permite que os recursos de TI sejam partilhados de forma eficiente e inteligente entre vários utilizadores, resultando numa otimização da utilização sem igual e numa redução significativa dos custos. A elasticidade incrivelmente rápida permite que os utilizadores ajustem dinamicamente os seus recursos para responder a necessidades flutuantes, assegurando um desempenho excecionalmente ótimo em todos os momentos. Finalmente, a medição precisa dos serviços significa que a utilização dos recursos pode ser monitorizada e facturada com uma precisão impecável, oferecendo uma transparência absoluta e uma gestão financeira de excelência inigualável.

Em conclusão, o Cloud Computing é uma tecnologia inovadora que está a revolucionar o mundo da informática, proporcionando um acesso cómodo, flexível e económico aos recursos informáticos de uma forma inegavelmente notável. Com os seus modelos de implementação de qualidade extraordinária e conceitos-chave de extrema importância, o Cloud Computing oferece muitas vantagens incríveis e inegáveis às organizações e aos utilizadores, tanto do ponto de vista técnico como financeiro. Ao adotar esta extraordinária tecnologia, as empresas podem melhorar substancialmente a sua agilidade, competitividade e capacidade de inovação, ao mesmo tempo que reduzem drasticamente os custos e simplificam incrivelmente a sua gestão informática.

2.1. Definições, conceitos e explicações pormenorizadas

No contexto da computação em nuvem, é necessário definir uma série de termos específicos para uma melhor compreensão. Por exemplo, o Software as a Service (SaaS) oferece aplicações de software alojadas na nuvem e acessíveis através de um navegador Web para satisfazer as necessidades crescentes dos utilizadores. Graças a esta tecnologia, as empresas podem agora beneficiar de uma maior flexibilidade e de custos reduzidos. Já não precisam de gerir uma infraestrutura física e podem simplesmente concentrar-se na utilização do software sem se preocuparem com a sua atualização, manutenção ou segurança. Por outro lado, a plataforma como um serviço (PaaS) fornece uma plataforma que permite aos clientes desenvolver, executar e gerir aplicações sem a complexidade de construir e manter a infraestrutura associada. Isto permite que as empresas se concentrem no desenvolvimento das suas aplicações e beneficiem de um ambiente de desenvolvimento e implementação rápido e seguro. Como resultado, podem poupar tempo e recursos valiosos. Por último, a Infraestrutura como Serviço (IaaS) oferece recursos de TI virtualizados a pedido, como máquinas virtuais, armazenamento e redes. Isto permite que as empresas obtenham os recursos de que necessitam de forma rápida e fácil, sem terem de investir em hardware dispendioso. Além disso, com a IaaS, as empresas podem facilmente adaptar os seus recursos de acordo com as suas necessidades flutuantes, contribuindo para uma maior eficiência operacional e uma poupança significativa de custos. Quer se trate de SaaS, PaaS ou IaaS, as empresas podem beneficiar de uma maior flexibilidade, de custos reduzidos e de uma maior eficiência operacional. Por isso, é essencial compreender estes termos e as suas vantagens para tirar o máximo partido desta tecnologia em constante evolução.

3.TIPOS DE SERVIÇOS EM NUVEM

Os serviços em nuvem dividem-se em três categorias principais: IaaS (Infraestrutura como um Serviço), PaaS (Plataforma como um Serviço) e SaaS (Software como um Serviço). Cada um destes serviços oferece um nível de abstração diferente, permitindo aos utilizadores escolher o grau de controlo e de responsabilidade que desejam delegar no fornecedor de serviços Cloud. Compreender as diferenças entre estes modelos é fundamental para escolher a solução mais adequada às suas necessidades e otimizar a utilização dos recursos da Nuvem.

3.1. IaaS, PaaS, SaaS

O IaaS (Infrastructure as a Service) fornece um ambiente de computação virtual, armazenamento e serviços de rede através da Internet. O PaaS (Platform as a Service) oferece uma plataforma e ferramentas para desenvolver, testar e implementar aplicações, enquanto o SaaS (Software as a Service) dá acesso a software e aplicações alojados na Nuvem. Cada serviço elimina a necessidade de gerir a infraestrutura subjacente, mas oferece diferentes níveis de controlo e personalização aos utilizadores finais. A utilização destes serviços baseados na Nuvem aumentou drasticamente nos últimos anos devido às suas inúmeras vantagens para as empresas. Ao optarem por estes modelos de serviços, as empresas podem fazer economias significativas, evitando a necessidade de investir em infra-estruturas físicas dispendiosas. Além disso, permite às empresas concentrarem-se na sua atividade principal sem terem de se preocupar com a gestão dos recursos informáticos. Graças à IaaS, as empresas podem facilmente aumentar ou diminuir a sua capacidade de computação de acordo com as suas necessidades, permitindo-lhes otimizar a utilização dos recursos e reduzir os custos A PaaS oferece aos programadores um ambiente completo para desenvolver, testar e implementar aplicações de forma rápida e eficiente. Isto permite-lhes concentrarem-se no desenvolvimento da própria aplicação em vez de se preocuparem com a infraestrutura subjacente. Com a PaaS, os programadores podem beneficiar de funcionalidades avançadas, como a gestão automática de recursos, a escalabilidade transparente e a segurança reforçada. Este elevado nível de abstração permite aos programadores poupar tempo e esforço no desenvolvimento de novas aplicações. Ao simplificar o processo de implementação e gestão, a PaaS também permite que as equipas de desenvolvimento trabalhem de forma mais eficiente, resultando num menor tempo de colocação no mercado.

O SaaS permite que os utilizadores acedam a software e aplicações alojados na Nuvem sem terem de os instalar localmente. Isto facilita o acesso a aplicações a partir de qualquer dispositivo ligado à Internet. Os utilizadores podem simplesmente ligar-se à sua conta SaaS e aceder ao software de que necessitam, sem se preocuparem com actualizações, patches de segurança ou compatibilidade de hardware. As empresas também podem beneficiar de modelos de preços flexíveis com o SaaS, pagando apenas pelos serviços e funcionalidades de que realmente necessitam.

Em conclusão, os serviços baseados na Nuvem, como IaaS, PaaS e SaaS, oferecem maior flexibilidade, escalabilidade e eficiência às empresas, tornando-os opções atractivas para organizações de todas as dimensões. Graças a estes serviços, as empresas podem melhorar a sua agilidade, reduzir os custos e concentrar-se na sua atividade principal. Quer se trate do lançamento de novas aplicações, da extensão da sua infraestrutura ou da adoção de soluções de software, a computação em nuvem oferece uma infraestrutura robusta e escalável que responde às necessidades de cada empresa. Ao aproveitar os benefícios do IaaS, PaaS e SaaS, as empresas podem aproveitar o poder e a flexibilidade da Nuvem para impulsionar o crescimento e o sucesso no mercado competitivo de hoje.

4.NECESSIDADES DE OPTIMIZAÇÃO NA NUVEM

A necessidade de otimização na nuvem é cada vez mais premente, nomeadamente no que diz respeito à escalabilidade e à elasticidade. Com exigências cada vez maiores em termos de armazenamento e de capacidade de cálculo, as empresas precisam de soluções de cloud computing que se adaptem rapidamente a estas mudanças. A capacidade de dimensionar os recursos em função da procura é um fator essencial para garantir um desempenho ótimo, mantendo os custos sob controlo.

4.1. Escalabilidade e elasticidade

A escalabilidade e a elasticidade são duas características essenciais no domínio da otimização da nuvem. A escalabilidade, que se refere à capacidade de adicionar novos recursos em resposta a um aumento da carga de trabalho, pode ser de importância vital para garantir um desempenho contínuo e ótimo. Significa que os recursos disponíveis podem ser adaptados rápida e facilmente para responder às necessidades, garantindo uma evolução suave e eficiente da infraestrutura infra-estruturas na nuvem. A elasticidade também desempenha um papel crucial na otimização da nuvem. Ao permitir que os recursos sejam dinamicamente reduzidos ou aumentados de acordo com a procura, a elasticidade garante uma utilização eficiente dos recursos e dos custos associados. Quando a carga de trabalho diminui, os recursos podem ser reduzidos para evitar desperdícios desnecessários, poupando fundos valiosos. Do mesmo modo, quando o volume de trabalho aumenta, os recursos podem ser rapidamente aumentados para fazer face à crescente procura, garantindo um desempenho e um rendimento estáveis. Em suma, a escalabilidade e a elasticidade combinadas oferecem um meio poderoso de otimizar a eficiência e o desempenho na nuvem. Permitem que as organizações se adaptem rapidamente às mudanças nas cargas de trabalho, optimizem a utilização dos recursos e reduzam os custos. Ao tirar o máximo partido destas características-chave, as empresas podem beneficiar de uma infraestrutura de nuvem robusta e ágil, capaz de responder aos desafios e às exigências de um mercado em constante mudança.

5. TECNOLOGIAS-CHAVE

A virtualização é uma tecnologia chave para otimizar o Cloud Computing, permitindo criar máquinas virtuais a partir de uma única peça de hardware físico. Através de hipervisores, esta tecnologia isola as aplicações e os sistemas operativos, optimizando a utilização dos recursos de hardware. A virtualização contribui para a flexibilidade e a redução de custos, pois permite uma melhor utilização dos servidores, consolidando várias máquinas virtuais num único servidor físico.

5.1. Virtualização

A virtualização está no centro da otimização do Cloud Computing, oferecendo uma abordagem inovadora para criar, gerir e executar ambientes virtuais. Utilizando a virtualização, os utilizadores podem criar instâncias virtuais que executam aplicações e cargas de trabalho de forma eficiente, permitindo uma melhor utilização dos recursos de hardware e uma maior flexibilidade.

A criação de ambientes virtuais permite às empresas otimizar as suas operações através da criação de pools de recursos partilhados. Isto permite às empresas consolidar os seus servidores físicos, reduzindo o número de servidores necessários, mas garantindo um desempenho ótimo. Graças à virtualização, as empresas podem também reduzir os custos associados à compra e à manutenção de hardware informático, uma vez que podem tirar o máximo partido dos recursos existentes. A virtualização facilita igualmente a migração das cargas de trabalho entre servidores.

As empresas podem facilmente mover as suas aplicações e os seus dados de um servidor para outro, contribuindo para uma maior eficiência operacional e uma melhor utilização dos recursos. Também permite que a capacidade seja rapidamente ajustada para satisfazer as necessidades em constante mudança, proporcionando uma flexibilidade essencial para responder a exigências crescentes ou decrescentes.

A virtualização desempenha um papel crucial na redução dos custos para as empresas que utilizam o Cloud Computing. Ao consolidar os recursos físicos, as empresas podem reduzir as despesas com infra-estruturas informáticas, energia e refrigeração. Além disso, ao otimizar a utilização dos recursos, as empresas podem poupar nos custos de gestão e manutenção. A virtualização também optimiza o desempenho, distribuindo uniformemente a carga de trabalho pelos servidores disponíveis, assegurando uma experiência de utilização fluida e reactiva.

Em conclusão, a virtualização é um elemento essencial de otimização no Cloud Computing. Permite a criação de ambientes virtuais que oferecem uma melhor utilização dos recursos de hardware, uma maior flexibilidade e custos mais baixos. Graças à virtualização, as empresas podem otimizar as suas operações, migrar facilmente as cargas de trabalho e melhorar o desempenho, o que contribui para o seu sucesso na Nuvem.

6.MÉTODOS DE OPTIMIZAÇÃO

A secção sobre métodos de otimização explora diferentes abordagens para melhorar a eficiência e o desempenho dos sistemas de computação em nuvem. Isto inclui a utilização de algoritmos heurísticos, técnicas de otimização de recursos, redução de custos e melhoria do desempenho. Estes métodos são essenciais para maximizar os benefícios da computação em nuvem e satisfazer as necessidades evolutivas dos utilizadores e das aplicações.

6.1. Algoritmos heurísticos

Na subsecção sobre algoritmos heurísticos, analisamos em pormenor as várias técnicas de otimização baseadas em heurísticas. Estas abordagens utilizam regras de ouro e estratégias de exploração para encontrar soluções de qualidade aceitável num período de tempo razoável. Começamos por analisar os algoritmos de pesquisa local, que se centram na melhoria contínua de uma solução inicial através da exploração da sua vizinhança. Isto implica efetuar uma série de iterações para encontrar a melhor solução.

De seguida, estudamos os métodos de pesquisa tabu, que implementam um mecanismo de memória para evitar revisitar soluções que já foram exploradas. Isto evita loops infinitos e melhora a eficiência do algoritmo. Além disso, estamos a analisar mais de perto os algoritmos genéticos, que se inspiram no processo de evolução natural e utilizam operadores genéticos como a seleção, o cruzamento e a mutação para otimizar as soluções. Estes algoritmos baseiam-se na noção de população, em que uma população inicial de soluções é gerada e evolui ao longo das gerações para convergir para uma solução óptima. Por último, exploramos outras técnicas heurísticas especificamente adaptadas aos problemas de otimização na computação em nuvem, como os algoritmos de enxame de partículas e os algoritmos evolutivos. Os algoritmos de enxame de partículas inspiram-se no comportamento coletivo de aves ou insectos para encontrar soluções óptimas, enquanto os algoritmos evolutivos simulam o processo de evolução biológica para melhorar progressivamente as soluções.

Analisamos o seu funcionamento, as suas vantagens e limitações, com especial incidência na sua aplicação na Nuvem. Computação. Através desta exploração aprofundada, pretendemos fornecer uma compreensão abrangente das diferentes técnicas de otimização heurística disponíveis para resolver problemas complexos de computação em nuvem. Esperamos dar aos leitores uma panorâmica pormenorizada destas técnicas e ajudá-los a escolher a que melhor se adapta às suas necessidades específicas em matéria de computação em nuvem.

7.OPTIMIZAÇÃO DOS RECURSOS

A otimização dos recursos na computação em nuvem é essencial para maximizar a eficiência operacional e reduzir os custos. Isto envolve a gestão estratégica da utilização de recursos de TI, como o armazenamento, a rede e a capacidade de computação, para satisfazer as necessidades variáveis das cargas de trabalho. As empresas podem utilizar ferramentas inteligentes de atribuição de recursos e políticas de gestão para otimizar a utilização dos recursos, mantendo simultaneamente um elevado desempenho. Além disso, a otimização dos recursos ajuda a minimizar os resíduos e a melhorar a sustentabilidade ambiental através de uma utilização mais eficiente da energia e das infra-estruturas. Isto pode resultar em poupanças de custos significativas a longo prazo, bem como numa redução do impacto ambiental. Por exemplo, ao otimizar a utilização dos recursos, as empresas podem reduzir a sua pegada de carbono, diminuindo o consumo de energia e evitando investimentos desnecessários em infra-estruturas adicionais. Além disso, ao utilizar políticas de gestão inteligentes, as empresas podem dar prioridade a determinadas cargas de trabalho críticas, garantir um elevado desempenho para os utilizadores finais e manter uma elevada disponibilidade dos serviços. Tudo isto é essencial para garantir uma experiência de utilização positiva e a fidelização dos clientes. Em última análise, a otimização dos recursos na nuvem oferece muitas vantagens importantes que podem ajudar as empresas a manterem-se competitivas no mercado em rápida evolução dos dias de hoje.

7.1. Gestão de máquinas virtuais

A gestão de máquinas virtuais é um aspeto fundamental da otimização de recursos na computação em nuvem. Envolve a implementação, monitorização, dimensionamento e gestão eficientes de máquinas virtuais para satisfazer os requisitos de carga de trabalho de uma forma rentável. As estratégias de gestão de máquinas virtuais incluem a programação de máquinas virtuais para uma utilização eficiente dos recursos físicos, a consolidação de máquinas virtuais para reduzir o desperdício de recursos e a automatização das tarefas de gestão para otimizar as operações. Ao ajustar dinamicamente os recursos atribuídos às máquinas virtuais conforme necessário, as empresas podem otimizar o desempenho, reduzir os custos e melhorar a flexibilidade da sua infraestrutura de nuvem. Isto permite-lhes fazer face à crescente procura sem comprometer a qualidade do serviço. Além disso, a gestão eficiente das máquinas virtuais ajuda a minimizar o tempo de inatividade, a melhorar a disponibilidade e a garantir uma utilização óptima dos recursos. As empresas podem também beneficiar da otimização do consumo de energia, adaptando os recursos atribuídos às máquinas virtuais em função das flutuações da procura. Ao investir em ferramentas de gestão avançadas, as empresas podem automatizar os processos de gestão de máquinas virtuais, reduzindo a carga de trabalho manual e aumentando a eficiência operacional. Em suma, a gestão de VM é uma área fundamental para garantir a máxima eficiência na computação em nuvem. As organizações que adoptam estratégias de gestão avançadas podem beneficiar de um desempenho significativamente melhorado, custos reduzidos e maior flexibilidade.

8.OPTIMIZAÇÃO DOS CUSTOS

A otimização dos custos na computação em nuvem implica minimizar as despesas com infra-estruturas e serviços em nuvem. Isto pode ser conseguido utilizando modelos de preços bem adaptados às necessidades específicas da empresa, controlando de perto o consumo de recursos para evitar desperdícios, automatizando os processos de gestão dos custos, criando mecanismos para limitar as despesas e adoptando as melhores práticas para reduzir os custos. Por exemplo, a utilização de serviços de computação reservados ou de instâncias preventivas pode conduzir a poupanças significativas. Além disso, trabalhar com fornecedores de serviços de computação em nuvem para negociar taxas favoráveis, descontos por volume e opções de preços flexíveis também pode ajudar a otimizar os custos a longo prazo. Além disso, a implementação de uma governação rigorosa dos recursos da nuvem, a eliminação de recursos não utilizados ou obsoletos e a otimização do desempenho das aplicações também podem ajudar a reduzir os custos. Por último, o planeamento estratégico das despesas com a nuvem, a monitorização contínua dos custos e a análise regular das despesas são essenciais para tomar decisões informadas e manter uma otimização sustentável dos custos na computação em nuvem.

8.1. Modelos de preços

Os modelos de preços da computação em nuvem variam consoante os serviços utilizados, como a infraestrutura como serviço (IaaS), a plataforma como serviço (PaaS) e o software como serviço (SaaS). Os modelos mais comuns incluem o pagamento consoante o uso, a reserva de instâncias, o preço de subscrição e modelos híbridos. É essencial que as empresas avaliem cuidadosamente os modelos de preços oferecidos pelos fornecedores de serviços de computação em nuvem para escolher o que melhor se adapta às suas necessidades em termos de flexibilidade, previsibilidade de custos e escalabilidade, a fim de otimizar eficazmente os seus gastos com a computação em nuvem. Compreender os diferentes modelos de preços permite às empresas tomar decisões informadas e maximizar o valor do seu investimento na nuvem. Com os preços pay-as-you-go, as empresas pagam apenas pelos recursos de TI que efetivamente utilizam, o que lhes permite reduzir os custos se a utilização for variável. A reserva de instâncias, p o r outro lado, permite que as empresas beneficiem de taxas reduzidas ao reservar antecipadamente a capacidade de computação. Os preços de subscrição oferecem previsibilidade de custos, cobrando um montante fixo todos os meses, independentemente da utilização efectiva. Por último, os modelos híbridos combinam diferentes modelos de preços para satisfazer necessidades comerciais específicas. Avaliando cuidadosamente estes modelos de preços e escolhendo o mais adequado, as empresas podem otimizar os seus gastos com a nuvem e tirar o máximo partido dos serviços oferecidos pelos fornecedores de serviços de nuvem.

9.OPTIMIZAÇÃO DO DESEMPENHO

A otimização do desempenho na computação em nuvem é essencial para garantir uma experiência óptima para o utilizador. Isto significa otimizar a latência, o débito e a velocidade de tratamento dos dados. As empresas procuram minimizar a latência, ou seja, o tempo de comunicação entre os servidores e os utilizadores finais, para melhorar a capacidade de resposta das aplicações. Do mesmo modo, a otimização do débito visa maximizar a quantidade de dados que podem ser processados num determinado período de tempo. Estes aspectos são cruciais para os serviços em tempo real, como o streaming de vídeo ou as aplicações de jogos em linha.

9.1. Latência e taxa de transferência

A latência e o débito são indicadores de desempenho fundamentais na computação em nuvem. A latência refere-se ao tempo que um pacote de dados demora a atravessar a rede, enquanto o débito se refere à quantidade de dados que podem ser transferidos num determinado intervalo de tempo. Para otimizar a latência, as empresas recorrem a centros de dados distribuídos para aproximar os dados dos utilizadores finais. Além disso, a utilização de redes de alta velocidade e de tecnologias de armazenamento em cache ajuda a reduzir a latência. Para melhorar o débito, as empresas estão a investir em soluções de escalonamento horizontal e vertical, bem como em técnicas de compressão de dados para otimizar a transferência. Outra abordagem para otimizar a latência é implementar algoritmos de encaminhamento inteligentes que encaminhem os dados de forma eficiente e minimizem a latência.

Estes algoritmos analisam as características da rede, como a largura de banda, o congestionamento e os tempos de resposta, para determinar a melhor rota para os dados. Além disso, as empresas podem utilizar servidores de cache distribuídos para armazenar os dados mais frequentemente solicitados perto dos utilizadores finais, reduzindo significativamente a latência. Em termos de débito, as empresas podem tirar partido do escalonamento horizontal, que envolve a adição de mais servidores ou recursos para aumentar a capacidade de processamento e a velocidade de transferência de dados. Além disso, o escalonamento vertical pode melhorar o débito, aumentando os recursos (como a memória ou a capacidade de computação) num único servidor. Isto optimiza as operações de processamento e transferência de dados, resultando num aumento do débito. Para otimizar ainda mais o débito, as empresas podem investir em soluções de compressão de dados. Estas técnicas reduzem o tamanho dos dados antes de serem transferidos, o que aumenta o débito ao reduzir o tempo necessário para transferir os dados. Além disso, a utilização de técnicas de compressão eficazes garante uma utilização eficiente da largura de banda, contribuindo para uma melhoria global do débito. Em conclusão, para otimizar o desempenho no Cloud Computing, é essencial ter em conta tanto a latência como o débito. Ao investir em soluções como centros de dados distribuídos, redes de alta velocidade, técnicas de caching, algoritmos de encaminhamento inteligentes, escalonamento horizontal e vertical e técnicas de compressão de dados, as empresas podem melhorar significativamente o desempenho dos seus serviços de computação em nuvem. Estas medidas garantem tempos de resposta mais rápidos, uma transmissão de dados mais rápida e uma melhor experiência do utilizador.

10. SEGURANÇA E CONFIDENCIALIDADE

A segurança e a confidencialidade dos dados são preocupações importantes na computação em nuvem. As organizações enfrentam riscos como o roubo de dados, ataques de negação de serviço e fugas de informações sensíveis. Medidas de segurança robustas, como a encriptação de dados, a gestão da identidade e do acesso e a monitorização contínua de actividades suspeitas, são essenciais para proteger os dados dos utilizadores e das empresas.

10.1. Desafios e soluções

Os desafios de segurança e confidencialidade na computação em nuvem são particularmente cruciais na era digital. Com a rápida evolução da tecnologia e a explosão de ciberameaças, é imperativo cumprir regulamentos como o Regulamento Geral sobre a Proteção de Dados (RGPD). Além disso, é essencial tomar medidas proactivas para proteger os dados contra ameaças internas e externas. Para enfrentar estes desafios, existem várias soluções eficazes. A primeira é a utilização de firewalls avançadas, que podem detetar e bloquear o acesso não autorizado. Em segundo lugar, devem ser implementadas políticas rigorosas de governação de dados para controlar o acesso e a utilização de informações sensíveis. Também é aconselhável adotar tecnologias de deteção de intrusões de ponta, que podem identificar actividades suspeitas e tomar as medidas adequadas para as neutralizar. Por último, é fundamental formar o pessoal em boas práticas de segurança informática. Uma maior sensibilização para estas questões permitirá aos empregados reconhecer e comunicar incidentes de segurança, minimizando assim os riscos potenciais. Além disso, é essencial promover uma cultura de segurança dentro da organização, incentivando um comportamento responsável e fornecendo recursos educativos regulares. Em conclusão, os desafios de segurança e confidencialidade na computação em nuvem são reais, mas podem ser superados com as ferramentas certas. as medidas e estratégias correctas em vigor. Ao tomar medidas como a utilização de firewalls avançadas, a implementação de políticas de governação de dados, a adoção de tecnologias de deteção de intrusões e a formação do pessoal, as empresas podem reforçar a sua postura de segurança e proteger eficazmente os seus dados no mundo digital em constante mudança.

11. ESTUDOS DE CASO

Nesta secção, analisaremos vários estudos de caso de empresas que optimizaram com êxito as suas operações utilizando o Cloud Computing. Estes estudos de caso destacarão os desafios que enfrentaram, as soluções que implementaram e os resultados que obtiveram. Cada estudo de caso servirá de exemplo prático para ilustrar as diferentes estratégias de otimização abordadas neste trabalho.

11.1. Aplicações reais

As aplicações reais da otimização no Cloud Computing são extremamente variadas e versáteis, abrangendo uma vasta gama de domínios de aplicação. Para além da otimização da carga de trabalho, que pode melhorar significativamente a eficácia e a produtividade das empresas, existem muitas outras aplicações que tiram partido das vantagens da otimização no Cloud Computing. Por exemplo, muitas empresas utilizaram estratégias de otimização específicas para reduzir os custos e melhorar a rentabilidade das suas operações. Ao otimizar os processos e os recursos, estas empresas conseguiram reduzir as despesas inúteis e aumentar as suas margens de lucro. Além disso, a otimização no Cloud Computing contribui também para melhorar o desempenho e a qualidade dos serviços oferecidos por estas empresas. Mais concretamente, algumas empresas utilizaram a otimização em Cloud Computing para otimizar a sua cadeia de abastecimento e as suas operações de transporte. Ao otimizar as rotas e os itinerários, estas empresas conseguiram reduzir os prazos de entrega, minimizar os custos de transporte e melhorar a satisfação dos clientes. Outras empresas utilizaram a otimização baseada na Nuvem para otimizar os seus processos de produção e operações de fabrico. Utilizando modelos de otimização avançados, estas empresas conseguiram maximizar a utilização dos recursos, minimizar o tempo de inatividade e melhorar a eficiência global das suas actividades de produção. A otimização baseada na nuvem para as empresas de comércio eletrónico também merece ser mencionada. Ao otimizar os preços, as promoções e as recomendações de produtos, estas empresas podem atrair e fidelizar clientes, aumentar as vendas e maximizar as receitas. Por último, a otimização no Cloud Computing oferece também oportunidades de otimização para as empresas de serviços e de consultoria. Utilizando técnicas de otimização avançadas, estas empresas podem melhorar o planeamento dos recursos, otimizar os horários e maximizar a eficácia das suas operações quotidianas. Em conclusão, as aplicações reais da otimização na computação em nuvem são vastas e diversificadas. Abrangem muitas áreas de negócio e oferecem um enorme potencial para melhorar o desempenho, reduzir custos e maximizar a rentabilidade. Os exemplos aqui apresentados ilustram o impacto positivo da otimização do Computador em Nuvem nas operações comerciais e realçam os benefícios tangíveis que pode trazer.

12. CONCLUSÃO E PERSPECTIVAS

Em conclusão, a otimização na computação em nuvem é um domínio em constante evolução, que oferece soluções para melhorar o desempenho, a segurança e a eficiência dos serviços em nuvem. Os desafios de gerir os recursos, reduzir os custos e garantir o desempenho continuarão a impulsionar a investigação e o desenvolvimento neste domínio. As perspectivas futuras incluem avanços nas tecnologias de virtualização, modelos de preços mais flexíveis e estratégias de otimização mais sofisticadas. Manter-se a par das tendências emergentes é essencial para satisfazer as necessidades crescentes das empresas e dos utilizadores finais. Neste contexto, a otimização da computação em nuvem está em constante evolução e desempenha um papel crucial para as empresas que procuram manter-se competitivas no mercado. De facto, as vantagens oferecidas pelo Cloud Computing em termos de flexibilidade, disponibilidade e redução de custos são cada vez mais procuradas por organizações de todas as dimensões. No entanto, para tirar o máximo partido destas vantagens, é essencial otimizar os recursos e o desempenho da Nuvem. Um dos principais desafios na otimização da computação em nuvem reside na gestão eficiente dos recursos. Com efeito, a atribuição óptima dos recursos é crucial para garantir uma utilização eficiente e rentável da Nuvem. Isto significa monitorizar ativamente a utilização dos recursos, identificar potenciais estrangulamentos e tomar as medidas necessárias para os resolver. Uma gestão eficaz dos recursos não só melhora o desempenho, como também reduz os custos, evitando desperdícios. Outro grande desafio é garantir o desempenho. Os utilizadores da nuvem esperam uma disponibilidade e tempos de resposta elevados, independentemente do número de pedidos simultâneos. Para garantir uma experiência óptima para o utilizador, é portanto essencial aplicar estratégias de otimização sofisticadas. Estas estratégias podem incluir a implementação de caches, de mecanismos de caching para reduzir os tempos de resposta ou de balanceamento de carga para distribuir a carga de forma homogénea por vários servidores. Para além destes desafios, a otimização na computação em nuvem enfrenta também problemas de segurança. Os dados armazenados na Nuvem podem ser sensíveis e têm de ser adequadamente protegidos contra ciberataques. Para garantir a segurança dos dados, é essencial adotar medidas de segurança como a cifragem dos dados, a monitorização em tempo real de actividades suspeitas e a implementação de mecanismos de backup para reduzir o risco de perda. Apesar destes desafios, as perspectivas futuras de otimização da computação em nuvem são promissoras. Os avanços tecnológicos na virtualização permitirão uma utilização mais eficiente dos recursos, enquanto modelos de preços mais flexíveis oferecerão às empresas opções adaptadas às suas necessidades. às suas necessidades específicas. Além disso, estratégias de otimização mais sofisticadas melhorarão ainda mais o desempenho e a eficiência dos serviços em nuvem. Por isso, é crucial manter-se a par das tendências emergentes na otimização do Cloud Computing. As empresas e os utilizadores finais têm de estar conscientes das novas tecnologias e estratégias de otimização que estão a surgir. Mantendo-se na vanguarda destes avanços, é possível manter-se competitivo no mercado, satisfazendo as necessidades crescentes dos utilizadores finais e tirando partido de todas as vantagens oferecidas pelo Cloud Computing.

12.1. Tendências futuras na otimização da nuvem

As tendências futuras da otimização da Nuvem centram-se na integração da inteligência artificial e da aprendizagem automática para otimizar a gestão dos recursos, o planeamento da carga de trabalho e os processos de decisão. A automatização das tarefas de otimização, a implementação de soluções de gestão de dados mais avançadas e a utilização de tecnologias emergentes, como a computação sem servidor e a contentorização, são também tendências fundamentais. Ao mesmo tempo, a ênfase na sustentabilidade ambiental e na redução da pegada de carbono no Cloud Computing irá aumentar, com iniciativas para integrar práticas eco-responsáveis nas estratégias de otimização. No que diz respeito à integração da inteligência artificial e da aprendizagem automática, as empresas estão a procurar formas de tirar partido destas tecnologias para melhorar a tomada de decisões e otimizar o desempenho da Nuvem. Isto assume a forma de modelos avançados de aprendizagem automática que podem analisar grandes quantidades de dados para identificar tendências e padrões, permitindo às empresas otimizar os seus processos de gestão dos recursos e de planeamento da carga de trabalho. A automatização das tarefas de otimização é outra área fundamental a observar. As empresas estão à procura de formas de reduzir a complexidade e a carga de trabalho manual da otimização da nuvem, automatizando determinadas tarefas. Isto pode incluir a utilização de robots de software inteligentes que podem executar tarefas repetitivas e aborrecidas de forma mais rápida e eficiente do que os humanos. A implementação de soluções de gestão de dados mais avançadas é também um aspeto importante da otimização da computação em nuvem. As empresas estão a tentar melhorar a recolha, o armazenamento e a análise de dados para extrair informações valiosas e tomar decisões mais informadas. Isto pode implicar a utilização de tecnologias como o Big Data e a Internet das Coisas para recolher dados em tempo real e analisá-los utilizando ferramentas analíticas avançadas. Para além destas tendências-chave, existem também tecnologias emergentes que provavelmente desempenharão um papel importante na otimização da nuvem no futuro.

A computação sem servidor é uma dessas tecnologias, permitindo às empresas desenvolver e implementar aplicações sem terem de gerir a infraestrutura subjacente. Isto pode reduzir os custos e melhorar a eficiência, permitindo que as empresas se concentrem no desenvolvimento de aplicações e não na manutenção da infraestrutura. A contentorização é outra tecnologia emergente que permite às empresas criar e implementar aplicações de uma forma consistente e portátil, facilitando a migração de aplicações para a Nuvem. Por último, a ênfase na sustentabilidade ambiental e na redução da pegada de carbono no Cloud Computing irá aumentar. As empresas estão a procurar formas de reduzir o seu impacto ambiental, adoptando práticas eco-responsáveis. Estas podem assumir a forma de utilização de fontes de energia renováveis para alimentar os centros de dados, optimizando a eficiência energética das infra-estruturas de TI e reduzindo os resíduos electrónicos. As iniciativas para integrar estas práticas eco-responsáveis nas estratégias de otimização da Nuvem tornar-se-ão cada vez mais importantes à medida que a consciência da emergência climática continuar a aumentar. Em resumo, as tendências futuras da otimização da computação em nuvem centrar-se-ão na integração da inteligência artificial e da aprendizagem automática, na automatização d a s tarefas de otimização, na implementação de soluções de gestão de dados mais avançadas e na utilização de tecnologias emergentes, como a computação sem servidor e a contentorização. Ao mesmo tempo, a tónica na sustentabilidade ambiental e na redução da pegada de carbono da computação em nuvem irá aumentar. Estas tendências são essenciais para as empresas que procuram tirar o máximo partido dos seus recursos de computação em nuvem e manter-se competitivas no mercado.

13.AUTOMAÇÃO E ORQUESTRAÇÃO NA NUVEM

13.1. Importância da automatização

A automatização na computação em nuvem pode reduzir a complexidade operacional, reduzir os erros humanos e melhorar a eficiência. Ao utilizar scripts e ferramentas de automatização, as empresas podem gerir os recursos de forma mais eficiente e reduzir os custos operacionais.

13.2. Ferramentas de automatização

As ferramentas de automatização mais populares incluem Ansible, Puppet e Chef, que permitem que as configurações sejam geridas e implementadas de forma consistente. Estas ferramentas também facilitam a gestão da Infraestrutura como Código (IaC), permitindo implementações repetíveis e auditadas.

13.3. Orquestração de serviços em nuvem

A orquestração vai para além da automatização, coordenando várias tarefas automatizadas. Plataformas como o Kubernetes permitem a orquestração de contentores em grande escala, garantindo uma elevada disponibilidade e o escalonamento automático das aplicações.

14.NUVEM HÍBRIDA E MULTI-NUVEM

14.1. Vantagens da nuvem híbrida

A nuvem híbrida combina as vantagens das nuvens pública e privada, oferecendo flexibilidade, segurança e economia de custos. As empresas podem manter os dados sensíveis privados enquanto utilizam recursos públicos para necessidades efémeras ou cargas de trabalho flutuantes.

14.2. Estratégias multi-nuvem

Adotar uma estratégia multi-nuvem significa evitar a dependência de um único fornecedor, melhorar a resiliência e otimizar os custos, escolhendo o melhor serviço para cada necessidade específica. As empresas precisam de desenvolver as competências necessárias para gerir eficazmente vários ambientes de computação em nuvem.

14.3. Desafios multi-nuvem

A gestão de identidades, a segurança e a migração de dados são grandes desafios num ambiente multi-nuvem. As empresas precisam de investir em soluções de gestão multi-cloud para monitorizar e proteger as aplicações em diferentes fornecedores.

15.SEGURANÇA AVANÇADA NA NUVEM

15.1. Segurança Zero Trust

O modelo de segurança Zero Trust baseia-se no princípio de nunca confiar numa entidade por defeito, mas sempre verificar. Isto inclui a autenticação multi-fator, a segmentação da rede e políticas de controlo de acesso rigorosas.

15.2. Encriptação de dados

A encriptação de dados em trânsito e em repouso é essencial para proteger informações sensíveis. As empresas devem utilizar chaves de encriptação robustas e políticas de gestão de chaves para garantir a confidencialidade dos dados.

15.3. Monitorização contínua e resposta a incidentes

A monitorização contínua dos ambientes de computação em nuvem permite que os incidentes de segurança sejam detectados e respondidos rapidamente. As empresas precisam de criar centros de operações de segurança (SOC) e utilizar ferramentas de análise comportamental para identificar potenciais ameaças.

16. IMPACTO AMBIENTAL DA COMPUTAÇÃO EM NUVEM

16.1. Consumo de energia

Os centros de dados consomem grandes quantidades de energia. As empresas precisam de investir em tecnologias energeticamente eficientes e em práticas de gestão sustentáveis para reduzir a sua pegada de carbono.

16.2. Iniciativas ecológicas

Iniciativas como a utilização de fontes de energia renováveis e a otimização da eficiência energética das infra-estruturas podem ajudar a minimizar o impacto ambiental da computação em nuvem.

16.3. Certificações e conformidade

Obter certificações como a LEED (Leadership in Energy and Environmental Design) e seguir as normas ISO 14001 para a gestão pode demonstrar o empenhamento de uma empresa na sustentabilidade.

17.O FUTURO DA COMPUTAÇÃO EM NUVEM

17.1. Inteligência artificial e aprendizagem automática A integração da inteligência artificial e da aprendizagem automática na computação em nuvem continuará a crescer, oferecendo capacidades avançadas de análise, tomada de decisões automatizada e otimização de recursos.

17.2. Computação quântica

Embora ainda esteja a dar os primeiros passos, a computação quântica promete revolucionar a computação em nuvem, resolvendo problemas complexos muito mais rapidamente do que os computadores tradicionais.

17.3. Evolução da regulamentação

Os regulamentos sobre proteção de dados e privacidade continuarão a evoluir, afectando a forma como os serviços em nuvem são implementados e geridos. As empresas precisam de se manter actualizadas em relação a estes desenvolvimentos para garantir a conformidade.

18.ESTUDOS DE CASOS ADICIONAIS

18.1. Otimização no sector da saúde

Um hospital utilizou soluções na nuvem para otimizar a gestão dos registos médicos, melhorar a comunicação entre departamentos e reduzir os tempos de espera dos pacientes.

18.2. Sector financeiro

Um banco adoptou estratégias de nuvem híbrida para garantir a segurança das transacções financeiras, utilizando simultaneamente serviços de nuvem pública para analisar grandes quantidades de dados transaccionais em tempo real.

18.3. Educação

Uma universidade migrou para a nuvem para oferecer serviços de e-learning, permitindo que os estudantes acedam a recursos educativos a partir de qualquer lugar, optimizando simultaneamente os custos e melhorando a disponibilidade.

19.ESTRATÉGIAS DE MIGRAÇÃO PARA A NUVEM

19.1. Avaliação da preparação

Antes de migrarem para a nuvem, as empresas precisam de avaliar o seu grau de preparação em termos de competências, infra-estruturas e processos. Esta avaliação ajuda a identificar lacunas e a desenvolver um plano de migração pormenorizado.

19.2. Modelos de migração

Existem vários modelos de migração para a nuvem, como a migração lift-and-shift, a rearquitectura e a substituição. Cada modelo tem as suas vantagens e desvantagens, e a escolha depende dos objectivos e restrições da empresa.

19.3. Gestão do risco

A gestão do risco é crucial aquando da migração para a nuvem. As empresas precisam de identificar os riscos potenciais, elaborar planos e garantir a continuidade do negócio durante a migração.

20.GOVERNAÇÃO E CONFORMIDADE NA NUVEM

20.1. Políticas de governação

A implementação de políticas de governação robustas ajuda a garantir que os recursos da nuvem são utilizados de forma responsável e alinhados com os objectivos comerciais. Isto inclui a gestão do acesso, a conformidade regulamentar e a monitorização contínua.

20.2. Conformidade regulamentar

As empresas precisam de cumprir vários regulamentos, como o RGPD, HIPAA e SOX, quando utilizam serviços na nuvem. Isto significa implementar controlos adequados para proteger dados sensíveis e garantir a confidencialidade e a integridade das informações.

20.3. Auditorias e relatórios

A realização de auditorias regulares e a geração de relatórios de conformidade são essenciais para manter a transparência e a responsabilidade na utilização de serviços em nuvem. As empresas devem utilizar ferramentas de auditoria automatizadas para simplificar este processo.

21.IMPACTO ECONÓMICO DA COMPUTAÇÃO EM NUVEM

21.1. Redução de custos

A computação em nuvem permite às empresas reduzir os custos, eliminando a necessidade de investir em infra-estruturas dispendiosas e oferecendo modelos de preços flexíveis.

21.2. Economias de escala

Os fornecedores de serviços em nuvem beneficiam de economias de escala, o que lhes permite oferecer serviços a preços competitivos. As empresas podem tirar partido destas economias para otimizar os seus orçamentos de TI.

21.3. Retorno do investimento (ROI)

O cálculo do ROI é essencial para avaliar os benefícios económicos da mudança para a nuvem. As empresas precisam de analisar os custos iniciais, as poupanças e os ganhos de produtividade para determinar o ROI.

22. APLICAÇÕES DE INTELIGÊNCIA ARTIFICIAL NA NUVEM

22.1. Análise de dados

A computação em nuvem constitui uma plataforma ideal para analisar grandes quantidades de dados utilizando algoritmos de inteligência artificial. As empresas podem utilizar estas capacidades para obter informações valiosas e tomar decisões baseadas em dados.

22.2. Automação inteligente

A inteligência artificial pode ser utilizada para automatizar tarefas complexas, como a gestão do serviço ao cliente, a manutenção preditiva e a otimização da cadeia de abastecimento. A nuvem fornece a infraestrutura necessária para implementar estas soluções em grande escala.

22.3. Aprendizagem automática

As plataformas em nuvem oferecem ferramentas e serviços para desenvolver, treinar e implementar modelos de aprendizagem automática. Isto permite às empresas criar aplicações inteligentes que podem aprender e adaptar-se com base nos dados.

23. OPTIMIZAR O DESEMPENHO DAS APLICAÇÕES NA NUVEM

23.1. Armazenamento em cache

A utilização de caches locais e distribuídos pode reduzir a latência e melhorar o desempenho das aplicações na nuvem. As empresas podem implementar soluções de cache para armazenar temporariamente dados frequentemente acedidos.

23.2. Partilha de carga

O balanceamento de carga ajuda a distribuir o tráfego entre vários servidores, assegurando uma utilização óptima dos recursos e uma elevada disponibilidade das aplicações. As empresas precisam de utilizar balanceadores de carga para gerir o tráfego de forma eficiente.

23.3. Otimização da base de dados

A otimização da base de dados é essencial para melhorar o desempenho das aplicações na nuvem. Isto inclui a indexação adequada, o armazenamento em cache de consultas e a utilização de bases de dados NoSQL para cargas de trabalho específicas.

24.ESTUDOS DE CASOS E ESTUDOS DE CASOS

24.1. Migração de aplicações empresariais

Um exemplo concreto da migração de uma aplicação empresarial para a nuvem, incluindo os desafios encontrados, as soluções implementadas e os resultados obtidos.

24.2. Otimização de um sistema de gestão de dados

Um estudo de caso sobre a otimização de um sistema de gestão de dados na nuvem, detalhando as técnicas utilizadas para melhorar o desempenho e reduzir os custos.

24.3. Implementar a IA no comércio eletrónico

Um estudo de caso sobre a utilização da inteligência artificial no comércio eletrónico para personalizar as experiências dos utilizadores e aumentar as vendas.

APÊNDICES

Apêndice A: Glossário de termos

Um glossário pormenorizado dos principais termos e conceitos utilizados na computação em nuvem, para ajudar os leitores a compreender melhor o conteúdo do documento.

Apêndice B: Esquemas e diagramas

Esquemas e diagramas que ilustram as arquitecturas de nuvem, os fluxos de trabalho e os processos de otimização descritos no documento.

Apêndice C: Exemplos de scripts de automatização

Exemplos de scripts de automatização para gerir recursos da nuvem, mostrando como utilizar ferramentas como o Ansible e o Terraform.

Apêndice D: Recursos e leituras complementares

Uma lista de recursos e leituras adicionais para quem quiser saber mais sobre otimização na computação em nuvem.

25. IMPLANTAÇÃO DE SERVIÇOS EM NUVEM

25.1. Estratégias de implantação

As estratégias de implantação incluem a implantação contínua (CI/CD), a implantação azul-verde e a implantação canário. Cada estratégia tem as suas vantagens em termos de minimização dos riscos e de garantia de uma entrada em funcionamento sem interrupções.

25.2. Ferramentas de implementação

Ferramentas como Jenkins, GitLab CI e Spinnaker são essenciais para automatizar os pipelines de implantação. Estas ferramentas permitem a integração e entrega contínuas, garantindo que as novas versões do software são implementadas de forma rápida e segura.

25.3. Gestão de versões

A gestão de versões é crucial para garantir a compatibilidade e a estabilidade das aplicações implementadas. As empresas precisam de adotar práticas de versionamento semântico e utilizar ferramentas de gestão de versões para acompanhar e gerir as diferentes versões das aplicações.

26.ACOMPANHAMENTO E GESTÃO DO DESEMPENHO

26.1. Ferramentas de monitorização

As ferramentas de monitorização, como o Prometheus, o Grafana e o Datadog, permitem-lhe acompanhar o desempenho dos serviços na nuvem em tempo real. Oferecem visualizações detalhadas e alertas para identificar e resolver problemas rapidamente.

26.2. Análise de registos

A análise dos registos é essencial para diagnosticar problemas e otimizar o desempenho. Ferramentas como o ELK Stack (Elasticsearch, Logstash, Kibana) ajudam a recolher, analisar e visualizar os registos de aplicações.

26.3. Gestão de incidentes

A gestão de incidentes envolve a implementação de procedimentos para detetar, diagnosticar e resolver problemas rapidamente. As empresas precisam de adotar práticas de gestão de incidentes e utilizar ferramentas como o PagerDuty para coordenar a resposta a incidentes.

27.SEGURANÇA E CONFIDENCIALIDADE AVANÇADAS

27.1. Autenticação e autorização

A autenticação e a autorização são os pilares da segurança na nuvem. A implementação do Single Sign-On (SSO), do OAuth e das funções baseadas em atributos (ABAC) permite o acesso seguro aos recursos da nuvem.

27.2. Segurança da API

A segurança da API é crucial para proteger as interacções entre serviços. As empresas devem utilizar gateways de API, aplicar políticas de segurança rigorosas e monitorizar as chamadas de API para detetar anomalias.

27.3. Gestão da identidade e do acesso

A Gestão de Identidades e Acessos (IAM) permite-lhe controlar quem pode aceder a que recursos. As empresas têm de adotar políticas de IAM robustas e utilizar ferramentas como o AWS IAM, o Azure AD e o Google Cloud IAM para gerir o acesso.

28.OPTIMIZAÇÃO DOS CUSTOS

28.1. Ferramentas de gestão de custos

Ferramentas como o AWS Cost Explorer, o Azure Cost Management e o Google Cloud Billing permitem monitorizar e otimizar os custos. Oferecem informações pormenorizadas sobre o consumo de recursos e ajudam a identificar oportunidades de redução de custos.

28.2. Otimização de licenças

A otimização das licenças de software é crucial para reduzir as despesas. As empresas precisam de monitorizar a utilização das licenças, eliminar as licenças não utilizadas e negociar acordos de licença flexíveis com os fornecedores.

28.3. Estratégias de redução de custos

As estratégias de redução de custos incluem a utilização de instâncias reservadas, a otimização de cargas de trabalho para utilizar instâncias pontuais/preemptíveis e a automatização do encerramento de recursos não utilizados.

29.ESTUDOS DE CASOS ADICIONAIS

29.1. Sector da saúde

Um grande hospital migrou os seus sistemas de gestão de registos médicos para a nuvem, melhorando o acesso dos médicos aos dados e reduzindo os custos de manutenção dos servidores locais.

29.2. Sector bancário

Um banco internacional adoptou uma estratégia multi-cloud para garantir a resiliência e a disponibilidade dos seus serviços financeiros, optimizando simultaneamente os custos através da utilização de diferentes fornecedores para diferentes necessidades.

29.3. Sector da educação

Uma universidade utilizou soluções de nuvem para criar um ambiente de e-learning robusto, permitindo aos estudantes aceder a cursos e recursos educativos de forma flexível e eficiente.

30.APÊNDICES PORMENORIZADOS

Apêndice E: Estudos de casos completos

Estudos de caso abrangentes, detalhando o processo de migração, os desafios enfrentados, as soluções implementadas e os resultados alcançados, para vários sectores como a saúde, as finanças, a educação e muito mais.

Apêndice F: Diagramas explicativos e esquemas

Diagramas detalhados que ilustram arquitecturas de nuvem, fluxos de trabalho de automatização, estratégias de implementação e configurações de segurança.

Apêndice G: Exemplos de guiões

Exemplos de scripts para automatização da implantação, gestão de recursos e monitorização do desempenho, utilizando ferramentas como Terraform, Ansible e Jenkins.

Apêndice H: Quadros de comparação

Tabelas comparativas de diferentes fornecedores de serviços de computação em nuvem, ferramentas de gestão de custos e soluções de segurança, para ajudar as empresas a escolher as melhores opções para as suas necessidades.

Apêndice I: Glossário de termos avançados

Um glossário de termos e conceitos avançados de computação em nuvem, para ajudar os leitores a compreender melhor os aspectos técnicos abordados no documento.

Apêndice J: Recursos educativos

Uma lista de cursos em linha, livros e artigos de investigação para quem quer saber mais sobre a computação em nuvem e a sua otimização

REFERÊNCIA

1. Ullah, F., et al (2023). *Otimização da computação em nuvem: Current Trends and Future Directions*. IEEE Access, 11, 14725-14740. [doi:10.1109/ACCESS.2023.3248765](https://doi.org/10.1109/ACCESS.2023.3248765)

2. Ali, O., Shrestha, A., & Ijaz, A. (2022). *Revisão abrangente dos fundamentos da computação em nuvem: Architecture, Applications, and Trends*. Future Internet, 14(5), 139. [doi:10.3390/fi14050139](https://doi.org/10.3390/fi14050139)

3. Kumar, S., et al (2023). *Modelos de serviço e estratégias de implantação em computação em nuvem: A Survey*. Journal of Cloud Computing, 12(1), 25 [doi:10.1186/s13677-023-00294-6](https://doi.org/10.1186/s13677- 023-00294-6)
4. Zhang, Y., Chen, L., & Zhang, S. (2023). *Escalabilidade e elasticidade na computação em nuvem: A Survey of Algorithms and Metrics. ACM Computing Surveys, 56(2), 34.[doi:10.1145/3582391](https://doi.org/10.1145/3582391)

5. Mishra, S., et al (2023). *Avanços na virtualização para computação em nuvem: Tendências e Desafios. Jornal de computação em nuvem: Advances, Systems and Applications, 12(1), 47 [doi:10.1186/s13677- 023-00299-1](https://doi.org/10.1186/s13677-023-00299-1)

6.Li, J., et al (2023). *Técnicas de otimização heurística e metaheurística em computação em nuvem: A Review*. Journal of Parallel and Distributed Computing, 175, 128-146. [doi:10.1016/j.jpdc.2023.01.013](https://doi.org/10.1016/j.jpdc.2023. 01.013)
7. Zhao, Y., & Tang, M. (2023). *Alocação e gerenciamento de recursos na computação em nuvem: Techniques and Tools*. IEEE Transactions on Cloud Computing, 11(3), 789-801.

[doi:10.1109/TCC.2023.3250407](https://doi.org/10.1109/TCC.2023.3 250407)

8. Srirama, S. N., & Buyya, R. (2022). *Estratégias de otimização de custos para computação em nuvem: Uma revisão abrangente. Jornal de computação em nuvem: Advances, Systems and Applications, 11(1), 54.[doi:10.1186/s13677-022-00289-5](https://doi.org/10.1186/s13677- 022-00289-5)

9. Rana, O., et al (2023). *Otimização de desempenho em computação em nuvem: Latência, taxa de transferência e tempo de resposta. Future Generation Computer Systems, 141, 1-15.
[doi:10.1016/j.future.2023.01.009](https://doi.org/10.1016/j.future.20 23.01.009)

10. Sun, Y., et al (2023). *Segurança e privacidade na computação em nuvem: Challenges and Solutions. IEEE Transactions on Dependable and Secure Computing, 20(2), 645-658.
[doi:10.1109/TDSC.2022.3150271](https://doi.org/10.1109/TDSC.202 .3150271)

11.Ghaffari, A., et al (2023). *Estudos de caso em otimização de computação em nuvem: Aplicações práticas e lições aprendidas. Jornal de computação em nuvem, 12(1), 69. [doi:10.1186/s13677-023-00301-y](https://doi.org/10.1186/s13677-023-00301-y)
12. Singh, S., & Choudhary, G. (2023). *Tendências futuras na otimização da computação em nuvem: Abordagens de IA e aprendizado de máquina. ACM Computing Surveys, 56(3), 45.[doi:10.1145/3582484](https://doi.org/10.1145/3582484)

13. Kaur, H., et al (2024). *Tendências emergentes na otimização da computação em nuvem: IA, sem servidor e sustentabilidade *. Journal of Cloud Computing,13(1),12.[doi:10.1186/s13677-024-00305-5](https://doi.org/10.1186/s13677-024-00305-5)

Printed by Books on Demand GmbH, Norderstedt / Germany